CONSOMMATION
DES VINS DE FRANCE
EN ANGLETERRE.

SUITES

D'UNE RÉDUCTION DANS LES DROITS D'ENTRÉE.

CONSOMMATION
DES VINS DE FRANCE
EN ANGLETERRE.

SUITES

D'UNE RÉDUCTION DANS LES DROITS D'ENTRÉE.

CONSOMMATION

DES VINS DE FRANCE

EN ANGLETERRE.

SUITES D'UNE RÉDUCTION DANS LES DROITS D'ENTRÉE.

Il s'agit, en ce moment, d'une question dont l'importance est bien grande pour les propriétaires de vignobles français et pour toutes les industries qui se rattachent à la production ainsi qu'au commerce des vins. Il ne sera point inutile de préciser, à cet égard, des faits fort dignes d'être connus, mais que peu de personnes seraient à même d'aller chercher dans de volumineux documents officiels écrits en une langue étrangère, et dont il n'est parvenu, sur le continent, qu'un fort petit nombre d'exemplaires.

Personne n'ignore que les droits de douanes sur les vins importés en Angleterre sont encore très élevés, quoiqu'ils aient été réduits à deux reprises différentes ; personne n'ignore que la consommation de cet article n'arrive, dans la Grande-Bretagne, qu'à un chiffre insignifiant.

Cet état de choses a frappé l'attention des hommes les plus éclairés ; l'exagération des taxes s'est montrée comme la cause évidente d'une situation funeste au Trésor, au commerce, à l'hygiène publique. Diverses Chambres de Commerce, parmi lesquelles on peut nommer celles de Belfast, de Bradford, de Manchester, ont adressé au gouvernement des observations motivées, et des vœux, afin d'obtenir un dégrèvement. La presse a consacré de nombreux articles à cette question. Un membre du Parlement, M. Anstey, a demandé que la Chambre des Communes s'occupât sérieusement d'une réforme vivement sollicitée.

Fidèle à l'usage suivi en pareille circonstance, la Chambre ordonna, le 30 mars 1852, la formation d'une commission d'enquête, chargée de recueillir des renseignements sur *le revenu résultant des droits d'entrée sur les vins* (ainsi s'exprime la délibération). Cette commission fut composée de douze membres ; trois membres y furent adjoints plus tard.

La commission se réunit le 5 avril 1852, et, jusqu'au 8 juin, elle a tenu vingt et une séances. Une cinquantaine de témoins ont été entendus ; ils avaient été pris parmi les principaux négociants engagés, en Angleterre, dans le commerce des vins, parmi les courtiers et les détaillants le plus à portée d'apprécier l'emploi des boissons de la part des masses. On a entendu aussi des fonctionnaires publics, tels que des employés de l'administration des douanes, et M. Porter, chargé des travaux statistiques au bureau du commerce (*Board of trade*), et auteur d'un livre justement estimé : *Progress of the nation.*

Les procès-verbaux des séances de la commission ont été imprimés. Ils forment, avec les pièces justificatives qui les accompagnent, un volume de 1,253 pages, et ils ne renferment pas moins de 6,722 questions avec leurs réponses.

Une multitude de détails, sans importance pour le commerce français, grossissent cette publication, qui ne saurait trouver, loin de la Grande-Bretagne, beaucoup de lecteurs. Nous laissons de côté des centaines de pages relatives aux vins d'Espagne et du Portugal. Nous mettons à l'écart bien des choses d'un intérêt secondaire ; nous dirons seulement que presque tous les témoins sont unanimes pour déclarer que l'élévation des droits actuels oppose à la consommation une barrière insurmontable.

Commençons par préciser les faits, en exposant, depuis le rétablissement des relations commerciales entre les deux peuples, les quantités de vins admises au paiement des droits :

	Vins de France.	Vins de toute espèce.
1815.	200,918 gallons.	4,624,105
1816.	123,567	4,057,058
1817.	145,972	5,142,829
1818.	259,178	5,635,216
1819.	213,616	4,615,212
1820.	164,292	4,586,495
1821.	159,462	4,686,885
1822.	168,732	4,606,999
1823.	171,681	4,845,060
1824.	187,447	5,030,091
1825.	525,579	8,009,542
1826.	343,707	6,058,443
1827.	311,289	6,826,361
1828.	421,469	7,162,376
1829.	565,336	6,217,652
1830.	308,294	6,434,445
1831.	254,366	6,212,264
1832.	228,627	5,965,542
1833.	232,550	6,207,770
1834.	260,630	6,480,544
1835.	271,661	6,420,342
1836.	552,063	6,809,212
1837. , ...	438,594	6,391,521
1838.	417,281	6,990,271
1839.	378,636	7,000,486
1840.	341,841	6,553,922
1841. . . . . , .	353,740	5,184,960
1842.	360,692	4,815,222
1843.	326,498	6,068,987
1844. . . . . ,	473,789	6,838,684
1845.	443,330	6,736,131
1846. . . . . ,	409,506	6,740,316
1847.	397,329	6,053,847
1848.	355,802	6,136,547
1849.	331,690	6,251,862
1850.	340,758	6,437,222
1851. . . . . ,	447,556	6,280,653

Les droits d'entrée sur les vins de France ont successivement été fixés comme suit :

de 1819 à 1825, à 13 sh. 9 d. par gallon, soit 3 f. 79 c. par litre.

de 1825 à 1832, à 7 sh. 2 d., soit 1 fr. 96 c.

de 1832 à 1840, à 5 sh. 6 d., soit 1 fr. 51 c.

de 1840 à 1852, à 5 sh. 9 d., soit 1 fr. 59 c.

En d'autres termes, le droit par tonneau bordelais de 912 litres ressortait :

à 3,454 fr. 66 c., de 1819 à 1825.

à 1,820 fr. 44 c., de 1825 à 1832.

à 1,379 fr. 85 c., de 1832 à 1840.

Il est, à partir de 1840, de 1,449 fr. 17 c.

Le tableau que nous venons de transcrire démontre, qu'à la suite des dégrèvements, les quantités consommées ont éprouvé des augmentations sensibles.

Pour les vins de France, en particulier, la consommation moyenne des trois années 1820-21-22 est de 164,162 gallons.

Après le dégrèvement opéré en 1825, elle s'élève, pour les années 1826-27-28, à une moyenne de 358,820 gallons : c'est un progrès de plus du double.

Enfin, pour les trois dernières années qui se sont écoulées, c'est-à-dire pour 1849-50-51, la moyenne se trouve de 373,331 gallons, soit 16,949 hectolitres.

Cette moyenne dépasse ainsi de *deux cent vingt-cinq pour cent* environ ce qu'offrent les trois années antérieures au double dégrèvement.

Il ressort de ces chiffres incontestables la preuve que, dans l'ensemble et depuis une trentaine d'années, la quantité des vins de France admis pour la consommation britannique, stimulée par d'importantes réductions de droits, a progressé d'une façon notable.

Nous trouverions, au besoin, une autre démonstration de ce fait dans les tables du montant des droits perçus durant trente-cinq ans (p. 877 de l'Enquête).

La moyenne du droit payé sur les vins de France, dans les trois années 1820-21-22, fut de 115,782 liv. st.

Elle a été, pendant les trois années 1849-50-51, de 107,314 liv. st., et, toutefois, la taxe avait été abaissée à 159 fr. l'hectolitre, au lieu de 379 ; mais, grâce à l'entrée d'une plus grande quantité, le fisc a retrouvé, à très peu de chose près, ce qu'il percevait avant tout dégrèvement.

Il faut observer, d'ailleurs, qu'à partir de 1848, et sous l'influence de diverses causes qu'il serait trop long d'énumérer, la consommation de nos vins s'étant restreinte, la douane anglaise a vu diminuer ses recettes, lesquelles avaient donné, pour les quatre années, 1841 à 1847, une moyenne de 124,137 liv. st.

Ainsi, en abaissant les droits bien au-dessous de la moitié de ce qu'ils étaient, le Trésor s'était procuré une somme plus forte.

Il faut, d'ailleurs, reconnaître franchement que ce résultat n'a pas répondu aux espérances qu'on avait conçues. On s'était flatté de voir un accroissement bien plus considérable dans la consommation. Divers motifs sont indiqués dans le cours de l'Enquête, comme ayant contribué à paralyser l'essor sur lequel on avait compté ; l'invasion du choléra en certaines années, l'abrogation des lois sur les céréales (mesure qui a affecté fortement le revenu des propriétaires fonciers), l'établissement de la taxe sur le revenu (*income tax*); tout cela est signalé comme ayant entravé la consommation ; mais la grande, la vraie raison, que tous les témoins entendus signalent, c'est le chiffre encore très élevé de ces droits qui augmentent, dans une très forte proportion, le prix des vins ordinaires, et qui les bannissent ainsi de l'usage général ; ils font du *claret* un objet de luxe qui n'est à la portée que d'un petit nombre de familles opulentes, ou qu'on ne se permet que dans de rares et solennelles occasions.

On est parfois tombé en France dans de graves erreurs au sujet de la consommation des vins de France en Angleterre, parce que, ne connaissant pas les chiffres de la douane britannique, on a pris pour point de départ les quantités exportées de France, sans remarquer qu'une notable partie de ces vins n'entre dans un port des Trois-Royaumes que pour en ressortir, soit à destination des colonies, soit pour l'usage de la marine.

Au n° 520 des *Avis divers* publiés par le Ministre du Commerce, nous trouvons, page 7, le relevé, depuis 1818 jusqu'à 1849, des quantités de vins exportées de France en Angleterre; la moyenne des trente années présente le chiffre de 32,991 hectolitres par an.

Nous y joignons l'indication des quantités exportées :
En 1850, 39,011 — et en 1851, 52,928.

Nous allons montrer, par quelques extraits fort succincts, quelle a été, au sujet d'une réforme douanière, l'opinion de plusieurs des témoins qu'a entendus le comité d'Enquête.

H. Lancaster, négociant de vins à Londres depuis 1818 (p. 99) :

« Le moyen, pour que le Trésor ne soit pas en perte, consiste à abaisser suffisamment le droit ; alors, beaucoup de buveurs d'eau, qui ne consomment ni bière, ni spiritueux, boiront des vins légers, s'ils peuvent les obtenir à prix modérés. Le droit actuel dépasse de beaucoup 300 p. 0/0 sur la valeur d'un grand nombre des vins qui conviennent au marché anglais. En ce moment, la consommation annuelle est d'une bouteille et un cinquième par habitant. La consommation n'augmente pas, parce qu'à l'exception des gens qui ont de la fortune, personne ne touche de vin. Si on place le désir de consommer en rapport avec le moyen d'acheter, on aura une consommation très considérable. Il ne serait pas difficile d'encourager le goût des vins légers parmi les personnes qui à présent ne boivent pas de vin du tout. Un motif d'économie fait que bien des gens prennent du Porto et du Sherry, à cause de l'effet stimulant que produit une petite quantité de ces vins, sur lesquels on met 33 à 40 p. 0/0 d'alcool. Le vin de Bordeaux, expédié pour ce pays, est resté dans les mains d'un très petit nombre de maisons, et a, pour la plupart, été envoyé comme un objet de pur luxe ; la conséquence en a été qu'il n'y a que les vins de qualités supérieures qui soient venus ici. J'attribue la répugnance qu'une réforme inspire à ces maisons à la crainte qu'une concurrence plus active ne vienne les troubler dans leurs affaires ; vous avez entendu parler des douceurs du monopole. »

J. P. Gassiot, négociant (p. 117) :

«De 1824 à 1849, la consommation des vins de France est montée de 177,000 à 379,000 gallons. Une diminution dans le droit augmenterait la consommation. »

M. E. Tuke, courtier de vins, dans les affaires depuis 1809 (p. 145) :

« La consommation des vins est une chose qui dépend du prix ; une réduction de droits serait suivie d'un grand accroissement dans la consommation ; le dégrèvement, opéré en 1825, a produit une augmentation de 60 p. 0'0, quoi qu'il laissât le droit sur les vins à un chiffre fort élevé. Un marchand au détail, nommé Barker, qui possède, dans deux quartiers différents, de grands établissements pour la vente des spiritueux, a commencé, il y a deux ans, à vendre du vin au verre (*gill*) ; il donne le Porto et le Sherry à 4 deniers (45 centimes), des vins de la Moselle, du Rhin et de Champagne, à 6 d. Je me suis informé du résultat, et j'ai appris qu'il débitait de cette façon une pièce de vin par semaine. Sa clientelle se compose surtout de petits marchands et de respectables artisans, gens qui ne veulent pas consommer de liqueurs fortes, et qui trouvent la bière trop faible et trop fade ; il leur faut une boisson stimulante et agréable. Sur le prix de 4 d., 2 au moins représentent le montant du droit. Je demandais au détaillant : « Si vous pouviez vendre le vin à 2 d., quel serait le résultat ? » Il me répondit : « Je crois que j'arriverais bientôt à débiter par jour une pièce de vin. » Je ne doute pas qu'il n'y arrivât, lui et des centaines d'autres à Londres.

» Je le répète, si le droit était fixé de manière à mettre le vin à la portée des classes qui à présent n'en consomment pas du tout, je crois que la consommation s'augmenterait de manière à ce que le Trésor obtiendrait des recettes plus fortes, mais il faut un dégrèvement suffisant pour produire une sensation. »

M. J. Prestwich, négociant en vins, à Londres (p. 330) :

« Les droits en vigueur sur les vins sont un fardeau bien

lourd. Je serais partisan d'un dégrèvement considérable, afin de faire entrer les vins dans la consommation générale. La taxe actuelle a pour résultat de réduire la consommation d'une façon très considérable. Je proposerais de fixer le droit à 1 shelling. La France pourrait nous fournir beaucoup de vins de 300 à 500 fr. le tonneau de 4 barriques, et le droit serait de 50 p. 0/0 environ, sur ces qualités-là ; elles conviendraient à la consommation des classes les plus nombreuses, et je ne doute pas qu'il en fût introduit d'un prix encore moins élevé. Le droit actuel est hors de toute proportion avec la valeur de ces vins ; il fait sur eux l'effet d'une prohibition complète, et la consommation se borne, presqu'exclusivement à présent, aux vins de première qualité. La réduction du droit amènerait une augmentation immédiate dans la demande pour les vins de France et des autres pays ; je m'attends à une augmentation très importante ; mes convictions à cet égard sont positives, et comme négociant prudent, je regarderais, comme une spéculation sûre, de faire de grandes provisions de vins de France dans le cours d'une année après le dégrèvement. Le goût en faveur des vins de France augmente graduellement à la suite de l'extension des communications avec le continent, et si ces vins étaient soumis à un droit modéré, s'ils étaient mis à la portée d'un bien plus grand nombre de consommateurs, il s'en emploierait une bien plus grande quantité. »

M. Cyrus Redding, économiste, auteur de plusieurs ouvrages sur les vins :

« Je crois que le droit d'un shelling serait avantageux au commerce et, en fin de compte, au Trésor, mais il faudrait du temps. Pendant un ou deux ans, le fisc pourrait éprouver une perte sensible, mais ensuite il la retrouverait ; on verrait se reproduire ce qui est survenu lors de la réforme postale. Quand une taxe est élevée, il faut l'abaisser autant que possible, si l'on veut opérer un dégrèvement qui tourne en définitive au profit du Trésor ; autrement l'expérience court grand risque d'échouer. Les recettes de la poste ne se seraient indubitablement pas élevées comme elles l'ont fait si le port des lettres avait été fixé à 3 ou 4 d., au lieu de l'être à 1 d. Je partage complètement l'avis de M. Porter au sujet d'une réduction de droits qui créerait de nouvelles classes de consommateurs et donnerait un large développement à celles qui existent aujourd'hui. Je suis convaincu qu'au bout d'un ou deux ans, la douane recevrait une somme supérieure à celle qu'elle encaisse aujourd'hui, et je pense que la taxe fixée à 1 sh. lui rapporterait plus qu'un droit de 2 sh. Les droits élevés engendrent la fraude, et, en ce moment même, avec une pièce et demie de bon vin de Porto, une pièce de Porto ordinaire, cinq pièces et demie de vin de Catalogne de diverses espèces ou du Cap, on fabrique huit pièces de vin sur lequel on verse de l'eau-de-vie et du cidre; on y ajoute un peu de sel de tartre *(salt of tartar)*, de gomme-dragon; on colore avec du campêche et d'autres drogues, et l'on vend le tout comme du fort bon vin de Porto : c'est une opération très lucrative. De nombreux procédés, pour fabriquer les vins frelatés, se trouvent indiqués dans un livre fort répandu sous le titre *du Guide du débitant de comestibles (Victualler's guide)* ; il a obtenu quatre éditions. Toutes ces fraudes sont dues à l'exagération des droits. En 1786, Pitt signalait déjà l'étendue de la fraude comme un motif en faveur du dégrèvement.

» Le prince de Galles possédait une petite quantité de vin d'une qualité très supérieure ; ses domestiques le trouvèrent de leur goût et le burent. Le prince, ordonnant un jour un dîner, prescrivit de lui servir ce vin ; il n'en restait que deux bouteilles. L'intendant, auquel étaient confiées les clés de la cave, courut chez un marchand et exposa son embarras. Le marchand répliqua : « Envoyez-moi » une bouteille de ce qui vous reste ; je puis fabriquer pour vous » quelque chose de tout à fait semblable, mais il faut que ce soit » bu de suite. » Le tour réussit, et la chose se passa trois ou quatre fois.

» L'usage des liqueurs fortes, mêlées avec de l'eau, revient à bien meilleur marché que le vin ; mais le gouvernement doit chercher à faire tomber la consommation des spiritueux, et le dégrèvement des vins contribuerait à ce résultat. Il y a du goût pour les vins, même parmi les classes les plus inférieures de notre pays, mais les prix très élévés sont une barrière infranchissable ; et ce qu'on donne, comme du vin à bon marché aux consommateurs peu fortunés, n'est pas le moins du monde du vin.

» On n'ignore pas que, dans les classes pauvres, la fièvre typhoïde occasionne une mortalité très considérable ; le vin est un excellent remède contre cette cruelle maladie, et l'élévation des droits prive la population de ce remède souverain (*sovereign remedy*). »

M. R. Stephens, négociant de vins à Londres depuis trente-cinq ans (pag. 694) :

« Si le droit était réduit à 2 sh., je suis persuadé que le revenu douanier n'éprouverait, dès le début, point de réduction, et qu'il augmenterait dans la suite ; à 1 sh., je pense qu'il faudrait plus de temps. Un dégrèvement à 2 sh. ou 2 sh. 6 d. ferait, je crois, progresser immédiatement de 50 p. 0/0 la consommation des vins de Sicile, qui sont ceux dont nous nous occupons spécialement. »

M. Trower, négociant en vins à Londres depuis vingt-cinq ans (p. 275) :

« Si les classes laborieuses se mettaient à consommer du vin, je crois que le droit d'un shelling produirait un revenu égal à celui que la douane encaisse maintenant ; si l'on pouvait vendre de bon vin au détail à 6 ou 8 d. le quart, nul doute qu'une partie des classes ouvrières ne préférât le vin à la bière. »

J. Laurie, négociant en vins à Londres depuis vingt et un ans (p. 376) :

» Un abaissement de droit serait suivi d'un grand accroissement dans la consommation ; si la taxe était fixée à 1 sh., je crois que le Trésor pourrait, dans la première année, éprouver une perte qui ne dépasserait pas 250,000 l. st. ; mais, dès la seconde et la troisième année, il encaisserait une somme supérieure à celle qu'il reçoit aujourd'hui. »

Ce témoin appuie ses assertions sur des calculs développés, p. 380 de l'*Enquête*. Il établit que, dans la situation actuelle, si on évalue à 2,500,000 la quantité de personnes qui sont à même de consommer du vin, on trouve que la quantité de 6,600,000 gallons, admise en paiement de droit, ne donne qu'une bouteille un quart par consommateur et par *mois*. En admettant que le dégrèvement fît tripler la quantité demandée par les consommateurs actuels, en supposant que, sur le surplus de la population, un habitant sur douze, se mît à consommer du vin, et en fixant à une demi-bouteille par semaine seulement ce qu'il en absorberait, en ajoutant trois bouteilles *par an* distribuées comme remède à une partie de la population pauvre assistée, ou consommées par des artisans ou ouvriers qui veulent se régaler, on arrive à un total de plus de 31 millions de gallons, le quintuple de ce qui acquitte aujourd'hui les droits, et il reste encore, dans la population du Royaume-Uni, vingt millions d'individus qui sont comptés pour rien dans la consommation des vins. Il faut remarquer que dans tous ces calculs on s'est attaché à ne fixer que des quantités fort modérées, afin qu'ils restent au-dessous plutôt qu'au-dessus des éventualités probables.

M. Short, restaurateur et débitant de boissons, dans les affaires depuis quarante-sept ans (p. 794) :

« On peut obtenir à Bordeaux de très bons vins à 10 liv. st. la barrique, et si le droit était moins élevé, nous ferions d'immenses affaires sur ces vins à bon marché ; le Porto passerait beaucoup de mode, si l'habitude venait de boire de bon vin de Bordeaux. Le droit empêche les Français qui sont en Angleterre de boire le vin de leur pays ; ils y auraient recours très volontiers, mais nous ne pouvons leur en vendre. Ils trouvent que 2 sh. la bouteille est trop cher pour du Bordeaux ordinaire. Je crois qu'il s'établirait parmi nous de la demande pour de pareils vins ; des familles les préféreraient au Porto et au Sherry. Ma longue expérience me montre, autant que je peux m'en souvenir, un goût croissant pour les vins légers de dessert. Je pense que si le droit était abaissé à 1 shelling, la douane recevrait une somme plus forte que celle que lui rapporte aujourd'hui le droit de 5 sh. 6 d. Deux ans suffiraient peut-être pour amener ce résultat ; les choses se passeraient comme pour la réforme postale. Je ne pense pas que la consommation de la bière vînt à souffrir de la concurrence du vin, mais on verrait cesser l'usage de prendre un petit verre de spiritueux, et ce serait un bonheur national. Je crois que des milliers de consommateurs qui viennent chez moi, prendraient du vin au lieu de liqueurs alcooliques. Beaucoup de familles anglaises, peu riches, voudraient avoir des vins de France légers, mais le prix les arrête. »

Il serait superflu de puiser davantage dans les interminables dépositions des témoins entendus par le Comité : les extraits que nous avons donnés suffisent pour jeter une grande clarté sur la question dont il s'agit.

Dans le cours de l'Enquête, des faits ont été établis au sujet de l'influence des droits en diverses occasions, et il n'est pas inutile de les signaler succinctement.

Deux mots, d'abord, au sujet de la taxe sur les spiritueux :

En 1846, le droit sur les eaux-de-vie de France a été réduit de 22 sh. 10 d. à 15 sh. le gallon.

Quantités acquittées.			*Droits perçus.*	
1843	1,052,260 gallons.		1,201,339 l. st.	
1844	1,037,937	»	1,184,798	»
1845	1,073,178	»	1,225,869	»
1846	1,561,629	»	1,203,920	»
1847	1,574,068	»	1,182,794	»
1848	1,632,710	»	1,233,437	»

On voit que le dégrèvement a fait progresser la consommation de 50 à 60 p. 0 0, et que la recette du fisc n'a point diminué.

L'accroissement dans la consommation des eaux-de-vie de France n'a point restreint l'usage des autres spiritueux, puisque les droits payés sur les *spirits* (esprits) venant des colonies britanniques ou fabriqués en Angleterre ont été, année commune, de 23,122,000 l. st., de 1842 à 1845, et de 25,325,000, de 1846 à 1848.

Remarquons, en passant, qu'il se consomme, dans le Royaume-Uni, quatre fois plus de liqueurs alcooliques que de vins.

Les conséquences de l'élévation des taxes se montrent d'ailleurs dans toute leur évidence lorsqu'on examine quelles ont été, durant plus d'un siècle, les vicissitudes du commerce des vins.

Sous le règne de Charles II, avec une population de cinq millions d'habitants, l'Angleterre recevait, par an, 90,000 pièces de vins dont 40,000 venaient de France (Enquête, p. 112). En 1669, il fut introduit 45,000 tonneaux de vins, 20,000 étaient le produit de la France; le droit était alors de 4 d. le gallon (neuf centimes le litre), sans distinction de provenance; ce droit fut porté en 1678 à 8 d., en 1688 à 1 sh. 4 d. Il fut encore aggravé en 1693 et en 1697; enfin, en 1703, le fameux traité de Methuen porta le coup le plus funeste à l'introduction des vins de France, en les imposant à 4 sh. 10 d., et en taxant à 2 sh. seulement, les vins d'Espagne et de Portugal.

Sous la pression de ces droits, on trouve que l'importation était tombée en 1721 à 23,000 tonneaux, la moitié de ce qu'elle était en 1669.

Persistant dans l'aveugle système d'augmenter les taxes, le gouvernement britannique les aggrava encore à diverses reprises; il les porta en 1782 à 8 sh. 10 d. (2 fr. 50 le litre environ) sur les vins de France, à 4 sh. 2 d. sur ceux d'Espagne et de Portugal; si bien qu'en 1784, l'entrée totale ne fut plus que de 15,542 tonneaux, le tiers du chiffre de 1669.

Le traité de commerce signé à Versailles en 1786, et qu'avait négocié Pitt, abaissa la taxe à 4 sh. 6 d., et à 3 sh. pour les vins de la Péninsule. La consommation se développa si bien, qu'en 1790 elle arriva à 29,181 tonneaux, et le fisc perçut, avec le droit réduit, 189,629 liv. st. *de plus* que le gros droit ne lui avait rendu.

Bien des assertions relatives à la production des vins du Continent, à leur exportation et consommation en divers pays, se sont produites dans le cours de l'enquête ; elles mériteraient d'être modifiées ou rectifiées ; nous nous bornerons à en donner un seul exemple.

Parmi les déposants, se trouve un négociant, M. Barnes, qui figure parmi le petit nombre des adversaires d'un dégrèvement. Ce témoin ne pense pas que le droit à un shelling fît monter à 30 millions de gallons la consommation actuelle qui est de six millions, et il ajoute que si l'Angleterre prenait pour elle tout le vin exporté de tous les pays vignobles de l'Europe (nous traduisons littéralement), cela ne donnerait rien de ressemblant à la quantité nécessaire pour que le fisc retrouvât sa recette actuelle, quantité qui s'éleverait à 30 millions de gallons.

Il est facile de montrer que l'assertion de M. Barnes est parfaitement erronnée.

En 1851, l'exportation totale des vins de France a été de 2,269,030 hectolitres, ce qui donne, à raison de 4 litres 54 par gallon, 49,980,000 gallons.

Joignez à ce chiffre la production de la Péninsule, de l'Italie, des Provinces rhénanes, etc., et l'on verra que M. Barnes a donné à la masse des expéditions générales de vins, une évaluation très au dessous de la réalité.

La quantité de vins consommée en divers pays hors de l'Angleterre a préoccupé la commission d'enquête ; mais elle n'a réuni, à cet égard, que des renseignements bien incomplets. Nous ne toucherons ce point important qu'en ce qui concerne la consommation de Paris.

Elle a été :

En 1849, de 1,035,129 hecto.

En 1850, de 1,163,355 »

Cette quantité est trois à quatre fois plus forte que la totalité des vins de toute espèce qu'emploient les populations réunies de l'Angleterre, de l'Écosse et de l'Irlande (6,600,000 gallons équivalant à 300,000 hectolitres), et si cette population se mettait à boire autant de vin que les habitants de Paris, il lui faudrait par an 648 millions de gallons environ.

Nous savons très bien que ce serait folie de vouloir assigner à la Grande-Bretagne une consommation de vin approchant de celle qui domine à Paris ; mais il est impossible de nier qu'une aussi énorme différence ne puisse être amoindrie.

Observons, d'ailleurs, qu'il s'en faut de beaucoup que Paris soit la ville de France où le vin trouve le plus d'emploi. D'après des renseignements pris à des sources officielles et d'après des tableaux des produits de l'octroi (remontant, il est vrai, à quelques années), la consommation annuelle par habitant était à Paris de 106 litres de vin, mais elle atteignait à Toulon 280 litres, à Toulouse 222, à Bordeaux 199, à Montpellier 180, à Lyon 167, à Nîmes 166, à Nantes 163.

Pour donner une impulsion active au commerce de vins dans le Royaume-Uni, l'enquête démontre qu'il faudrait joindre à la diminution des droits exagérés de douane, la réforme de diverses formalités et redevances qui nuisent grandement aux affaires.

Tout vendeur de vin est tenu de payer une licence de 10 guinées (278 fr.) par an ; cette taxe n'arrête pas le négociant et le marchand en gros, mais elle empêche grand nombre de débitants de comestibles, de pâtissiers, etc., de vendre des vins, ce qu'ils feraient s'ils pouvaient le faire sans supporter des frais onéreux pour leurs petites affaires, et ce qui serait un stimulant efficace en faveur de la consommation. Des détails curieux ont, à cet égard, été mis sous les yeux du comité.

Il est un point sur lequel les négociants entendus par le comité sont tous d'accord.

Les nombreux changements survenus dans les droits, les prévisions de modifications nouvelles, paralysent les affaires et nuisent grandement à l'activité du commerce. Un dégrèvement peu considérable aurait cela de fàcheux qu'on ne regarderait pas la question comme définitivement tranchée, la répugnance à faire des approvisionnements considérables subsisterait. Il importerait que la mesure adoptée fût telle, que chacun restât persuadé qu'on ne toucherait plus à la taxe; sous l'influence de cette conviction, les transactions prendraient un développement des plus notables. C'est ce qu'établit fort bien une circulaire émanant de l'*Association pour la réforme des droits sur les vins*, circulaire à laquelle nous allons emprunter quelques passages :

« Le vin a été classé chez nous comme objet de luxe, quoique,
» dans tous les pays civilisés, aux époques anciennes ou mo-
» dernes, il eût été regardé comme chose nécessaire. Les direc-
» teurs de nos hôpitaux déplorent que son prix excessif les em-
» pêche d'en faire librement usage; une foule de décès parmi les
» classes pauvres sont la suite de la privation de cette boisson
» tonique, si utile dans les fièvres. Nul autre article de com-
» merce n'amène, en retour, un plus grand échange de produits
» de notre pays, et quelques-uns des droits dont on demande la
» réduction au lieu de ceux sur les vins, sont tout-à-fait domes-
» tiques, et ne sont pour la population qu'un fardeau aussi léger
» que possible. »

Un article lourdement taxé, mais dont la consommation aug-
mente continuellement, n'est assurément point fondé à obtenir un dégrèvement de préférence à un autre article qui, supportant aussi de forts impôts, voit sa consommation se réduire; preuve sans réplique que le droit a été élevé trop haut. Dans le cours des cinquante dernières années, la consommation des spiritueux s'est accrue de 48 p. 0 0, celle de la drèche de 22 1 2 p. 0 0, mais celle du vin reste au dessous de ce qu'elle était il y a plus d'un demi-siècle, lorsque le droit était inférieur au chiffre actuel.

Depuis seize ans, on a vu la consommation du thé s'élever à 54 millions de livres, au lieu de 33 millions; celle du café dé-passer 32 millions et demi de livres, tandis qu'elle n'était que de 23 millions. Ces exemples fournissent de solides arguments en faveur d'une réforme sur les droits qui frappent les vins, et l'Association pense qu'il est urgent de trancher cette question en fixant d'une manière stable la taxe dont elle voudrait que le chiffre fût établi à un shelling le gallon.

Cette mesure sera la conséquence naturelle des grandes réformes qui ont jeté tant d'éclat sur le ministère de Robert Peel, et qui ont amené des résultats tellement favorables, que la cause de la liberté du commerce ne rencontre plus, chez les Anglais, un seul adversaire sérieux. Les hommes d'État qui avaient combattu le *free trade* il y a quelques années, proclament aujourd'hui ses bienfaits.

G. BRUNET,

Membre du Conseil municipal de Bordeaux.

Bordeaux, typ. de Vᵉ Suwerinck et Cⁱᵉ, imprimeurs de la Chambre de Commerce,

Rue Sainte-Catherine, bazar Bordelais.

www.ingramcontent.com/pod-product-compliance
Lightning Source LLC
Chambersburg PA
CBHW050444210326
41520CB00019B/6059